INVENTAIRE
V6858

I0075819

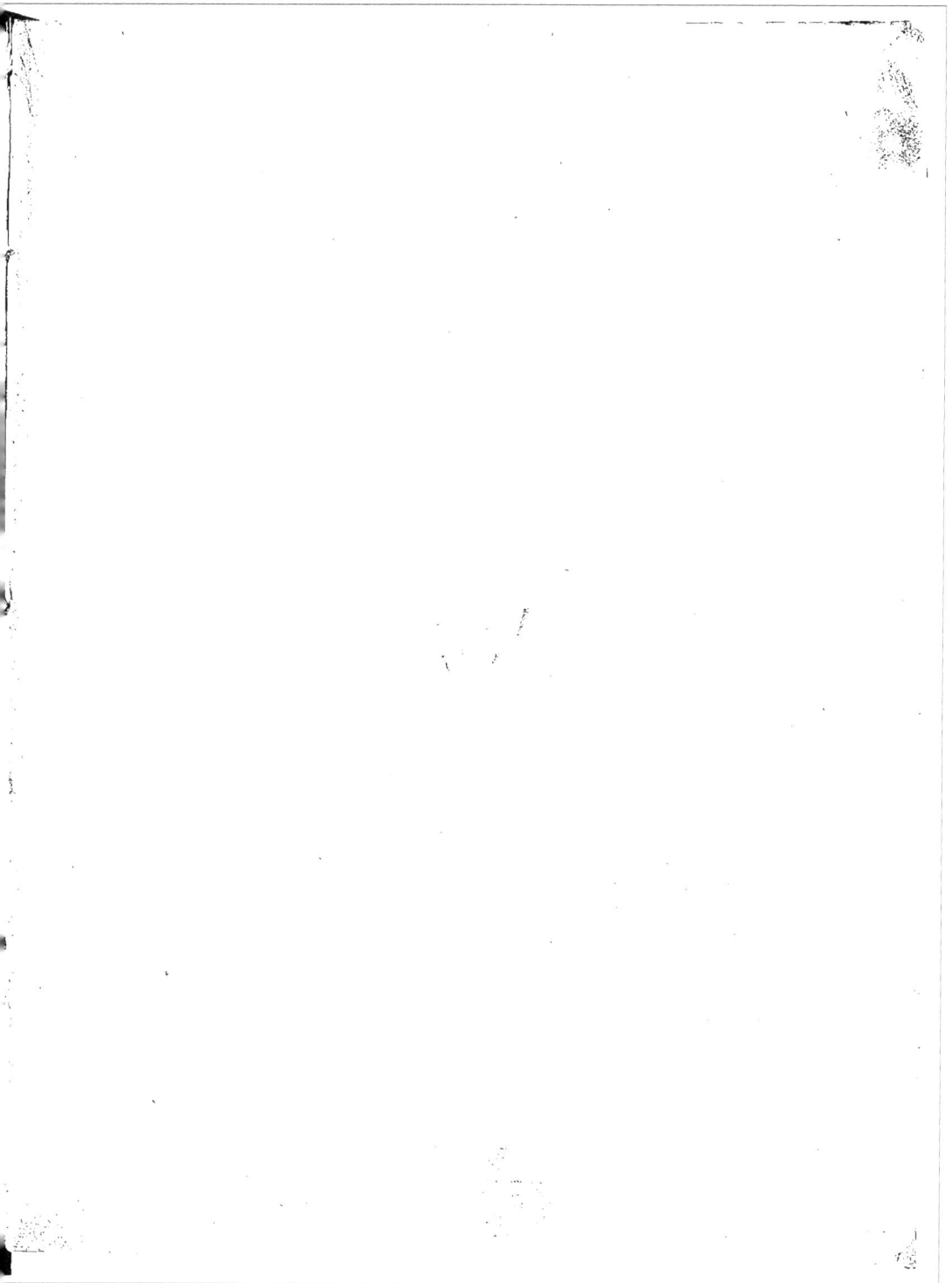

V. 955.
A. 12. f.

6858

BAROMÈTRE

COMMERCIAL PORTATIF,

OU

TABLEAU GÉNÉRAL,

Contenant les numéros entiers et fixes qui établissent les rapports exacts des
francs avec les réaux de veillon, les réaux de plate, les livres de Catalogne,
les livres de Valence, *et vice versa*; avec lequel on pourra faire très-facile-
ment toutes les opérations et réductions, depuis le change de 13 jusqu'à 17 fr.
pour 1 pistole de 32 réaux de plate ;

Par J.-A CAYRO,

Auteur du Baromètre Général-Commercial.

V
g55.
A.12.f.

A BORDEAUX,

CHEZ LAWALLE JEUNE ET NEVEU, IMPRIMEURS-LIBRAIRES,
ALLÉES DE TOURNY, N°. 20.

1818.

Les formalités prescrites ayant été remplies, je poursuivrai les contrefacteurs suivant toute la rigueur des lois; j'avertis, en outre, que les exemplaires qui ne seront pas revêtus de ma signature, seront désavoués.

AVERTISSEMENT.

Quoique dans mon ouvrage, intitulé : *Baromètre Général-Commercial*, on trouve les tableaux concernant les réductions des francs en réaux de veillon, en réaux de plate, en livres de Catalogne et en livres de Valence, monnaies dans lesquelles on tient les écritures en Espagne, je ne puis m'empêcher de répondre au vœu de différentes maisons de commerce, en mettant au jour *le Baromètre Commercial Portatif*, consacré uniquement aux opérations directes entre la France et l'Espagne, dans lequel, depuis le change de 13 jusqu'à 17 francs pour 1 pistole de 32 réaux de plate, on trouvera les numéros entiers qui exprimeront les rapports exacts des francs avec les susdites monnaies, quelle que soit l'opération à faire. De manière, qu'ainsi, comme au change de 15 fr. 50 cent. la pistole, (voyez page 15, ligne 30) 527 fr. valent 2,048 réaux de veillon, et 155 fr. valent 320 réaux de plate, ou 56 liv. de Catalogne, ou 40 liv. de Valence, aussi, les 2,048 réaux de veillon, au même change, valent 527 fr., et les 320 réaux de plate, ou les 56 liv. de Catalogne, ou les 40 liv. de Valence, valent, par égale raison, les susdits 155 fr.

De ce principe fixe et invariable, il résulte, qu'après avoir établi les rapports de la manière expliquée ci-dessus, le mécanisme de toute opération est réduit aux simples règles de trois, comme par exemple :

10,000 francs réduits en monnaies d'Espagne, au change de 15 fr. et 75 cent. pour 1 pistole de 32 réaux de plate, combien de réaux de veillon, de réaux de plate, de livres de Catalogne ou de livres de Valence doivent-ils donner?

OPÉRATION N°. 1.

Réduction de 10,000 fr. en réaux de veillon.

Si 1071 f. valent 4096 réaux veillon (1), combien les 10000 fr?

```
40960000 | 1071
 8830    | 38244 r. v.
  2620
   4780
    4960
     676
```

Multipl. par... 34 maravédis veill.

```
 2704
2028
22984 | 1071
 1564 | 21 marav.
  493
```

De manière que les 10,000 fr., au change de 15 fr. et 75 cent. pour 1 pistole, donnent, en Espagne, 38,244 réaux, 21 marav., et 493/1071 de veil.

OPÉRATION N°. 2.

Réduction de 10,000 fr. en réaux de plate.

Si 315 f. valent 640 réaux plate (2), combien les 10000 fr. ?

```
6400000 | 315
 1000   | 20317 r. pl.
  550
  2350
   145
```

Multipl. par... 34 maravédis plate.

```
 580
435
4930 | 315
1780 | 15 maravédis.
 205
```

Donnent les 10000 fr., au change ci-contre, 20317 réaux, 15 marav., et 205/315 ou 41/63 de plate.

---

(1) Voyez page 16, ligne 15.

(2) Voyez page 16, ligne 15.

OPÉRATION N.° 3.

Réduction des 10000 fr. en livres de Catalogne.

Si 315 fr. valent 112 liv. de Catalogne (1), combien les 10000 fr. ?

```
1120000 | 315
 1750     3555 livres catal.
 2750
 1750
  175
```

Multipl. par..... 20 sous de 1 livre.

```
3500 | 315
 350    11 sous.
  35
```

12 deniers de 1 sous.

```
  70
  35
 420 | 315
 105    1 denier.
```

Donnent les 10000 fr., au change ci-dessus, 3555 livres, 11 sous, 1 denier, et $^{105}/_{315}$ ou $^{1}/_{3}$.

(1) Voyez page 16, ligne 15.

OPÉRATION N°. 4.

Réduction de 10000 fr. en livres de Valence.

Si 315 fr. valent 80 liv. de Valence (2), combien les 10000 fr. ?

```
800000 | 315
 1700     2539 l. de Ve.
 1250
 3050
  215
```

Multipl. par.... 20 sous de 1 livre.

```
4300 | 315
1150    13 sous.
 205
```

12 deniers de 1 sous.

```
 410
 205
2460 | 315
 255    7 deniers.
```

Donnent les 10000 fr., au change ci-dessus, 2539 livres, 13 sous 7 deniers, et $^{255}/_{315}$ ou $^{17}/_{21}$.

(2) Voyez page 16, ligne 15.

De manière que quelque soit le change, il n'y a qu'à le chercher à la marge du tableau, et en suivant la même ligne, on trouvera les 1ers. et 2e termes, de la proportion, en vertu desquels on opérera.

Afin de rendre cet ouvrage plus utile, on trouvera aussi, à la suite, une note explicative de toutes les monnaies de change et de compte, en usage en Espagne, ainsi que de leurs rapports entr'elles.

Je suis persuadé que ce nouveau travail, que j'ai entrepris avec plaisir, pour satisfaire au désir des personnes qui me l'ont recommandé, méritera la bienveillance de tous ceux qui seront à même de le juger, et une fois son mérite reconnu, on pourra se faire une juste idée de ce qu'on doit attendre de la publication de mon *Baromètre général commercial*, ainsi que du traité d'arbitrages qui doit le suivre, lequel, par sa méthode simple et facile, est à la portée de tout le monde.

MONNAIES DE CHANGE
D'ESPAGNE.

La pistole d'or, qui vaut.	5 piastres,	ou 40 réaux de ples.,	ou 1360 mar. ples.
La pistole de change......	4 *id.*	32 *id.*	ou 1088 *id.*
La piastre de change.....	» *id.*	8 *id.*	ou 272 *id.*
Le réal de plate.........	» »	» »	» 34 *id.*
Le ducat de change.......	» *id.*	11 1/34 *id.*	ou 375 *id.*

Les mêmes monnaies en veillon.

La pistole d'or, qui vaut.. 75 réaux et 10 marav. veil., ou 2560 marav. veill.
La pistole de change..... 60 id. 8 id. ou 2048 id.
La piastre de change..... 15 id. 2 id. ou 512 id.
Le réal de plate........... 1 id. 30 id. ou 64 id.
Le ducat de change...... 20 id. 25 $^{15}/_{17}$ id. ou 705 $^{15}/_{17}$ id.

Monnaies de Catalogne.

La livre , qui vaut 20 sous, et le sou, 12 deniers.
1 $^2/_5$ livre (28 sous), égal à 1 piastre de change de 8 réaux de plate, ou à 15 réaux et 2 maravédis veillon.

Monnaies de Valence et d'Alicante.

La livre , qui vaut 20 sous, et le sou, 12 deniers.
La même livre, égale à 1 piastre de change de 8 réaux de plate, ou à 15 réaux et 2 maravédis veillon.

RAPPORT DES MÊMES MONNAIES
UTILE A CONNAITRE.

Egalité des monnaies de plate ou de change, avec les monnaies de veillon.

289 Ducats de change , valent 6000 réaux de veillon.
17 Réaux de plate, valent 32 réaux de veillon.
17 Maravédis de plate, valent 32 maravédis de veillon.

Egalité des monnaies de plate avec les livres de Catalogne.

5 pistoles d'or, de 40 réaux de plate, valent........ 35 livres de Catalogne.

5 Pistoles de change, de 32 réaux de plate, valent, 28 livres *id.*

272 Ducats de change, valent........................ 525 livres *id.*

5 Piastres de change, valent........................ 7 livres *id.*

1 Réal de plate, vaut................................ »   »   3 s. 6 d.

Egalité des réaux de veillon avec les mêmes livres de Catalogne.

1280 Réaux de veillon, valent 119 livres de Catalogne.

1 réal de veillon, vaut   »   1 sous, 10 deniers, et $\frac{5}{16}$.

RÉDUCTION DES FRANCS

En réaux de veillon, réaux de plate, livres de Catalogne et livres de Valence, aux changes de 13 jusqu'à 17 francs pour 1 pistole de 32 réaux de plate.

RAPPORTS EXACTS.

CHANGES.		FRANCS.	— VALEUR.	FRANCS.	VALEUR.	VALEUR.	VALEUR.
fr.	c.	fr.	réaux de veil.	fr.	réaux de pte.	liv. de Cat.	liv. de Vce.
13	"	221 :	1,024	65 :	160	28	20
13	1	22,117 :	102,400	1,301 :	3,200	560	400
13	2	11,067 :	51,200	651 :	1,600	280	200
13	3	22,151 :	102,400	1,303 :	3,200	560	400
13	4	2,771 :	12,800	163 :	400	70	50
13	5	4,437 :	20,480	261 :	640	112	80
13	6	11,101 :	51,200	653 :	1,600	280	200
13	7	22,219 :	102,400	1,307 :	3,200	560	400
13	8	5,559 :	25,600	327 :	800	140	100
13	9	22,253 :	102,400	1,309 :	3,200	560	400
13	10	2,227 :	10,240	131 :	320	56	40
13	11	22,287 :	102,400	1,311 :	3,200	560	400
13	12	697 :	3,200	82 :	200	35	25
13	13	22,321 :	102,400	1,313 :	3,200	560	400
13	14	11,169 :	51,200	657 :	1,600	280	200
13	15	4,471 :	20,480	263 :	640	112	80
13	16	5,593 :	25,600	329 :	800	140	100
13	17	22,389 :	102,400	1,317 :	3,200	560	400
13	18	11,203 :	51,200	659 :	1,600	280	200
13	19	22,423 :	102,400	1,319 :	3,200	560	400
13	20	561 :	2,560	33 :	80	14	10

CHANGES.	FRANCS.	VALEUR.	FRANCS.	VALEUR.	VALEUR.	VALEUR.
fr. c.	fr.	réaux de veil.	fr.	réaux de pe.	liv. de Cat.	liv. de Ve.
13 21	22,457 :	102,400	1,321 :	3,200	560	400
13 22	11,237 :	51,200	661 :	1,600	280	200
13 23	22,491 :	102,400	1,323 :	3,200	560	400
13 24	5,627 :	25,600	331 :	800	140	100
13 25	901 :	4,096	265 :	640	112	80
13 26	11,271 :	51,200	663 :	1,600	280	200
13 27	22,559 :	102,400	1,327 :	3,200	560	400
13 28	1,411 :	6,400	83 :	200	35	25
13 29	22,593 :	102,400	1,329 :	3,200	560	400
13 30	2,261 :	10,240	133 :	320	56	40
13 31	22,627 :	102,400	1,331 :	3,200	560	400
13 32	5,661 :	25,600	333 :	800	140	100
13 33	22,661 :	102,400	1,333 :	3,200	560	400
13 34	11,339 :	51,200	667 :	1,600	280	200
13 35	4,539 :	20,480	267 :	640	112	80
13 36	2,839 :	12,800	167 :	400	70	50
13 37	22,729 :	102,400	1,337 :	3,200	560	400
13 38	11,373 :	51,200	669 :	1,600	280	200
13 39	22,763 :	102,400	1,339 :	3,200	560	400
13 40	1,139 :	5,120	67 :	160	28	20
13 41	22,797 :	102,400	1,341 :	3,200	560	400
13 42	11,407 :	51,200	671 :	1,600	280	200
13 43	22,831 :	102,400	1,343 :	3,200	560	400
13 44	357 :	1,600	84 :	200	35	25
13 45	4,573 :	20,480	269 :	640	112	80
13 46	11,441 :	51,200	673 :	1,600	280	200
13 47	22,899 :	102,400	1,347 :	3,200	560	400
13 48	5,729 :	25,600	337 :	800	140	100
13 49	22,933 :	102,400	1,349 :	3,200	560	400
13 50	459 :	2,048	135 :	320	56	40
13 51	22,967 :	102,400	1,351 :	3,200	560	400
13 52	2,873 :	12,800	169 :	400	70	50
13 53	23,001 :	102,400	1,353 :	3,200	560	400
13 54	11,509 :	51,200	677 :	1,600	280	200
13 55	4,607 :	20,480	271 :	640	112	80
13 56	5,763 :	25,600	339 :	800	140	100
13 57	23,069 :	102,400	1,357 :	3,200	560	400
13 58	11,543 :	51,200	679 :	1,600	280	200
13 59	23,103 :	102,400	1,359 :	3,200	560	400
13 60	289 :	1,280	17 :	40	7	5

CHANGES.	FRANCS.	VALEUR.	FRANCS.	VALEUR.	VALEUR.	VALEUR.
fr. c.	fr.	réaux de veil.	fr.	réaux de	pr. liv. de Cat.	liv. de Ve
13 61	23,137 :	102,400	1,361 :	3,200	560	400
13 62	11,577 :	51,200	681 :	1,600	280	200
13 63	23,171 :	102,400	1,363 :	3,200	560	400
13 64	5,797 :	25,600	341 :	800	140	100
13 65	4,641 :	20,480	273 :	640	112	80
13 66	11,611 :	51,200	683 :	1,600	280	200
13 67	23,239 :	102,400	1,367 :	3,200	560	400
13 68	2,907 :	12,800	171 :	400	70	50
13 69	23,273 :	102,400	1,369 :	3,200	560	400
13 70	2,329 :	10,240	137 :	320	56	40
13 71	23,307 :	102,400	1,371 :	3,200	560	400
13 72	5,831 :	25,600	343 :	800	140	100
13 73	23,341 :	102,400	1,373 :	3,200	560	400
13 74	11,679 :	51,200	687 :	1,600	280	200
13 75	935 :	4,096	275 :	640	112	80
13 76	731 :	3,200	86 :	200	35	25
13 77	23,409 :	102,400	1,377 :	3,200	560	400
13 78	11,713 :	51,200	689 :	1,600	280	200
13 79	23,443 :	102,400	1,379 :	3,200	560	400
13 80	1,173 :	5,120	69 :	160	28	20
13 81	23,477 :	102,400	1,381 :	3,200	560	400
13 82	11,747 :	51,200	691 :	1,600	280	200
13 83	23,511 :	102,400	1,383 :	3,200	560	400
13 84	2,941 :	12,800	173 :	400	70	50
13 85	4,709 :	20,480	277 :	640	112	80
13 86	11,781 :	51,200	693 :	1,600	280	200
13 87	23,579 :	102,400	1,387 :	3,200	560	400
13 88	5,899 :	25,600	347 :	800	140	100
13 89	23,613 :	102,400	1,389 :	3,200	560	400
13 90	2,363 :	10,240	139 :	320	56	40
13 91	23,647 :	102,400	1,391 :	3,200	560	400
13 92	1,479 :	6,400	87 :	200	35	25
13 93	23,681 :	102,400	1,393 :	3,200	560	400
13 94	11,849 :	51,200	697 :	1,600	280	200
13 95	4,743 :	20,480	279 :	640	112	80
13 96	5,933 :	25,600	349 :	800	140	100
13 97	23,749 :	102,400	1,397 :	3,200	560	400
13 98	11,883 :	51,200	699 :	1,600	280	200
13 99	23,783 :	102,400	1,399 :	3,200	560	400
14 »	119 :	512	35 :	80	14	10

CHANGES.	FRANCS.	VALEUR.	FRANCS.	VALEUR.	VALEUR.	VALEUR.
fr. c.	fr.	réaux de veil.	fr.	réaux de pe.	liv. de Cate.	liv. de Ve.
14 1	23,817 :	102,400	1,401 :	3,200	560	400
14 2	11,917 :	51,200	701 :	1,600	280	200
14 3	23,851 :	102,400	1,403 :	3,200	560	400
14 4	5,967 :	25,600	351 :	800	140	100
14 5	4,777 :	20,480	281 :	640	112	80
14 6	11,951 :	51,200	703 :	1,600	280	200
14 7	23,919 :	102,400	1,407 :	3,200	560	400
14 8	187 :	800	88 :	200	35	25
14 9	23,953 :	102,400	1,409 :	3,200	560	400
14 10	2,397 :	10,240	141 :	320	56	40
14 11	23,987 :	102,400	1,411 :	3,200	560	400
14 12	6,001 :	25,600	353 :	800	140	100
14 13	24,021 :	102,400	1,413 :	3,200	560	400
14 14	12,019 :	51,200	707 :	1,600	280	200
14 15	4,811 :	20,480	283 :	640	112	80
14 16	3,009 :	12,800	177 :	400	70	50
14 17	24,089 :	102,400	1,417 :	3,200	560	400
14 18	12,053 :	51,200	709 :	1,600	280	200
14 19	24,123 :	102,400	1,419 :	3,200	560	400
14 20	1,207 :	5,120	71 :	160	28	20
14 21	24,157 :	102,400	1,421 :	3,200	560	400
14 22	12,087 :	51,200	711 :	1,600	280	200
14 23	24,191 :	102,400	1,423 :	3,200	560	400
14 24	1,513 :	6,400	89 :	200	35	25
14 25	969 :	4,096	285 :	640	112	80
14 26	12,121 :	51,200	713 :	1,600	280	200
14 27	24,259 :	102,400	1,427 :	3,200	560	400
14 28	6,069 :	25,600	357 :	800	140	100
14 29	24,293 :	102,400	1,429 :	3,200	560	400
14 30	2,431 :	10,240	143 :	320	56	40
14 31	24,327 :	102,400	1,431 :	3,200	560	400
14 32	3,043 :	12,800	179 :	400	70	50
14 33	24,361 :	102,400	1,433 :	3,200	560	400
14 34	12,189 :	51,200	717 :	1,600	280	200
14 35	4,879 :	20,480	287 :	640	112	80
14 36	6,103 :	25,600	359 :	800	140	100
14 37	24,429 :	102,400	1,437 :	3,200	560	400
14 38	12,223 :	51,200	719 :	1,600	280	200
14 39	24,463 :	102,400	1,439 :	3,200	560	400
14 40	153 :	640	18 :	40	7	5

CHANGES.		FRANCS. — VALEUR.		FRANCS.	VALEUR.	VALEUR.	VALEUR.
fr.	c.	fr.	réaux de veil.	fr.	réaux de pe.	liv. de Cat.	liv. de Ve.
14	41	24,497 :	102,400	1,441 :	3,200	560	400
14	42	12,257 :	51,200	721 :	1,600	280	200
14	43	24,531 :	102,400	1,443 :	3,200	560	400
14	44	6,137 :	25,600	361 :	800	140	100
14	45	4,913 :	20,480	289 :	640	112	80
14	46	12,291 :	51,200	723 :	1,600	280	200
14	47	24,599 :	102,400	1,447 :	3,200	560	400
14	48	3,077 :	12,800	181 :	400	70	50
14	49	24,633 :	102,400	1,449 :	3,200	560	400
14	50	493 :	2,048	145 :	320	56	40
14	51	24,667 :	102,400	1,451 :	3,200	560	400
14	52	6,171 :	25,600	363 :	800	140	100
14	53	24,701 :	102,400	1,453 :	3,200	560	400
14	54	12,359 :	51,200	727 :	1,600	280	200
14	55	4,947 :	20,480	291 :	640	112	80
14	56	1,547 :	6,400	91 :	200	35	25
14	57	24,769 :	102,400	1,457 :	3,200	560	400
14	58	12,393 :	51,200	729 :	1,600	280	200
14	59	24,803 :	102,400	1,459 :	3,200	560	400
14	60	1,241 :	5,120	73 :	160	28	20
14	61	24,837 :	102,400	1,461 :	3,200	560	400
14	62	12,427 :	51,200	731 :	1,600	280	200
14	63	24,871 :	102,400	1,463 :	3,200	560	400
14	64	3,111 :	12,800	183 :	400	70	50
14	65	4,981 :	20,480	293 :	640	112	80
14	66	12,461 :	51,200	733 :	1,600	280	200
14	67	24,939 :	102,400	1,467 :	3,200	560	400
14	68	6,239 :	25,600	367 :	800	140	100
14	69	24,973 :	102,400	1,469 :	3,200	560	400
14	70	2,499 :	10,240	147 :	320	56	40
14	71	25,007 :	102,400	1,471 :	3,200	560	400
14	72	391 :	1,600	92 :	200	35	25
14	73	25,041 :	102,400	1,473 :	3,200	560	400
14	74	12,529 :	51,200	737 :	1,600	280	200
14	75	1,003 :	4,096	295 :	640	112	80
14	76	6,273 :	25,600	369 :	800	140	100
14	77	25,109 :	102,400	1,477 :	3,200	560	400
14	78	12,563 :	51,200	739 :	1,600	280	200
14	79	25,143 :	102,400	1,479 :	3,200	560	400
14	80	629 :	2,560	37 :	80	14	10

4

CHANGES.		FRANCS.	VALEUR.	FRANCS.	VALEUR.	VALEUR.	VALEUR.
fr.	c.	fr.	réaux de veil.	fr.	réaux de pe.	liv. de Cat.	liv. de Ve.
14	81	25,177 :	102,400	1,481 :	3,200	560	400
14	82	12,597 :	51,200	741 :	1,600	280	200
14	83	25,211 :	102,400	1,483 :	3,200	560	400
14	84	6,307 :	25,600	371 :	800	140	100
14	85	5,049 :	20,480	297 :	640	112	80
14	86	12,631 :	51,200	743 :	1,600	280	200
14	87	25,279 :	102,400	1,487 :	3,200	560	400
14	88	1,581 :	6,400	93 :	200	35	25
14	89	25,313 :	102,400	1,489 :	3,200	560	400
14	90	2,533 :	10,240	149 :	320	56	40
14	91	25,347 :	102,400	1,491 :	3,200	560	400
14	92	6,341 :	25,600	373 :	800	140	100
14	93	25,381 :	102,400	1,493 :	3,200	560	400
14	94	12,699 :	51,200	747 :	1,600	280	200
14	95	5,083 :	20,480	299 :	640	112	80
14	96	3,179 :	12,800	187 :	400	70	50
14	97	25,449 :	102,400	1,497 :	3,200	560	400
14	98	12,733 :	51,200	749 :	1,600	280	200
14	99	25,483 :	102,400	1,499 :	3,200	560	400
15	«	255 :	1,024	75 :	160	28	20
15	1	25,517 :	102,400	1,501 :	3,200	560	400
15	2	12,767 :	51,200	751 :	1,600	280	200
15	3	25,551 :	102,400	1,503 :	3,200	560	400
15	4	799 :	3,200	94 :	200	35	25
15	5	5,117 :	20,480	301 :	640	112	80
15	6	12,801 :	51,200	753 :	1,600	280	200
15	7	25,619 :	102,400	1,507 :	3,200	560	400
15	8	6,409 :	25,600	377 :	800	140	100
15	9	25,653 :	102,400	1,509 :	3,200	560	400
15	10	2,567 :	10,240	151 :	320	56	40
15	11	25,687 :	102,400	1,511 :	3,200	560	400
15	12	3,213 :	12,800	189 :	400	70	50
15	13	25,721 :	102,400	1,513 :	3,200	560	400
15	14	12,869 :	51,200	757 :	1,600	280	200
15	15	5,151 :	20,480	303 :	640	112	80
15	16	6,443 :	25,600	379 :	800	140	100
15	17	25,789 :	102,400	1,517 :	3,200	560	400
15	18	12,903 :	51,200	759 :	1,600	280	200
15	19	25,823 :	102,400	1,519 :	3,200	560	400
15	20	323 :	1,280	19 :	40	7	5

Changes.		Francs.	Valeur.	Francs.	Valeur.	Valeur.	Valeur.
fr.	c.	fr.	réaux de veil.	fr.	réaux de pe.	liv. de Cate.	liv. de Ve.
15	21	25,857 :	102,400	1,521 :	3,200	560	400
15	22	12,937 :	51,200	761 :	1,600	280	200
15	23	25,891 :	102,400	1,523 :	3,200	560	400
15	24	6,477 :	25,600	381 :	800	140	100
15	25	1,037 :	4,096	305 :	640	112	80
15	26	12,971 :	51,200	763 :	1,600	280	200
15	27	25,959 :	102,400	1,527 :	3,200	560	400
15	28	3,247 :	12,800	191 :	400	70	50
15	29	25,993 :	102,400	1,529 :	3,200	560	400
15	30	2,601 :	10,240	153 :	320	56	40
15	31	26,027 :	102,400	1,531 :	3,200	560	400
15	32	6,511 :	25,600	383 :	800	140	100
15	33	26,061 :	102,400	1,533 :	3,200	560	400
15	34	13,039 :	51,200	767 :	1,600	280	200
15	35	5,219 :	20,480	307 :	640	112	80
15	36	51 :	200	96 :	200	35	25
15	37	26,129 :	102,400	1,537 :	3,200	560	400
15	38	13,073 :	51,200	769 :	1,600	280	200
15	39	26,163 :	102,400	1,539 :	3,200	560	400
15	40	1,309 :	5,120	77 :	160	28	20
15	41	26,197 :	102,400	1,541 :	3,200	560	400
15	42	13,107 :	51,200	771 :	1,600	280	200
15	43	26,231 :	102,400	1,543 :	3,200	560	400
15	44	3,281 :	12,800	193 :	400	70	50
15	45	5,253 :	20,480	309 :	640	112	80
15	46	13,141 :	51,200	773 :	1,600	280	200
15	47	26,299 :	102,400	1,547 :	3,200	560	400
15	48	6,579 :	25,600	387 :	800	140	100
15	49	26,333 :	102,400	1,549 :	3,200	560	400
15	50	527 :	2,048	155 :	320	56	40
15	51	26,367 :	102,400	1,551 :	3,200	560	400
15	52	1,649 :	6,400	97 :	200	35	25
15	53	26,401 :	102,400	1,553 :	3,200	560	400
15	54	13,209 :	51,200	777 :	1,600	280	200
15	55	5,287 :	20,480	311 :	640	112	80
15	56	6,613 :	25,600	389 :	800	140	100
15	57	26,469 :	102,400	1,557 :	3,200	560	400
15	58	13,243 :	51,200	779 :	1,600	280	200
15	59	26,503 :	102,400	1,559 :	3,200	560	400
15	60	663 :	2,560	39 :	80	14	10

CHANGES.	FRANCS.	VALEUR.	FRANCS.	VALEUR.	VALEUR.	VALEUR.
fr. c.	fr.	réaux de veil.	fr.	réaux de pe.	liv. de Cate.	liv. de Ve.
15 61	26,537 :	102,400	1,561 :	3,200	560	400
15 62	13,277 :	51,200	781 :	1,600	280	200
15 63	26,571 :	102,400	1,563 :	3,200	560	400
15 64	6,647 :	25,600	391 :	800	140	100
15 65	5,321 :	20,480	313 :	640	112	80
15 66	13,311 :	51,200	783 :	1,600	280	200
15 67	26,639 :	102,400	1,567 :	3,200	560	400
15 68	833 :	3,200	98 :	200	35	25
15 69	26,673 :	102,400	1,569 :	3,200	560	400
15 70	2,669 :	10,240	157 :	320	56	40
15 71	26,707 :	102,400	1,571 :	3,200	560	400
15 72	6,681 :	25,600	393 :	800	140	100
15 73	26,741 :	102,400	1,573 :	3,200	560	400
15 74	13,379 :	51,200	787 :	1,600	280	200
15 75	1,071 :	4,096	315 :	640	112	80
15 76	3,349 :	12,800	197 :	400	70	50
15 77	26,809 :	102,400	1,577 :	3,200	560	400
15 78	13,413 :	51,200	789 :	1,600	280	200
15 79	26,843 :	102,400	1,579 :	3,200	560	400
15 80	1,343 :	5,120	79 :	160	28	20
15 81	26,877 :	102,400	1,581 :	3,200	560	400
15 82	13,447 :	51,200	791 :	1,600	280	200
15 83	26,911 :	102,400	1,583 :	3,200	560	400
15 84	1,683 :	6,400	99 :	200	35	25
15 85	5,389 :	20,480	317 :	640	112	80
15 86	13,481 :	51,200	793 :	1,600	280	200
15 87	26,979 :	102,400	1,587 :	3,200	560	400
15 88	6,749 :	25,600	397 :	800	140	100
15 89	27,013 :	102,400	1,589 :	3,200	560	400
15 90	2,703 :	10,240	159 :	320	56	40
15 91	27,047 :	102,400	1,591 :	3,200	560	400
15 92	3,383 :	12,800	199 :	400	70	50
15 93	27,081 :	102,400	1,593 :	3,200	560	400
15 94	13,549 :	51,200	797 :	1,600	280	200
15 95	5,423 :	20,480	319 :	640	112	80
15 96	6,783 :	25,600	399 :	800	140	100
15 97	27,149 :	102,400	1,597 :	3,200	560	400
15 98	13,583 :	51,200	799 :	1,600	280	200
15 99	27,183 :	102,400	1,599 :	3,200	560	400
16 »	17 :	64	20 :	40	7	5

Changes.		Francs. -- Valeur.		Francs.	Valeur.	Valeur.	Valeur.
fr.	c.	fr.	réaux de veil.	fr.	réaux de pe.	liv. de Cat.	liv. de Ve.
16	1	27,217 :	102,400	1,601 :	3,200	560	400
16	2	13,617 :	51,200	801 :	1,600	280	200
16	3	27,251 :	102,400	1,603 :	3,200	560	400
16	4	6,817 :	25,600	401 :	800	140	100
16	5	5,457 :	20,480	321 :	640	112	80
16	6	13,651 :	51,200	803 :	1,600	280	200
16	7	27,319 :	102,400	1,607 :	3,200	560	400
16	8	3,417 :	12,800	201 :	400	70	50
16	9	27,353 :	102,400	1,609 :	3,200	560	400
16	10	2,737 :	10,240	161 :	320	56	40
16	11	27,387 :	102,400	1,611 :	3,200	560	400
16	12	6,851 :	25,600	403 :	800	140	100
16	13	27,421 :	102,400	1,613 :	3,200	560	400
16	14	13,719 :	51,200	807 :	1,600	280	200
16	15	5,491 :	20,480	323 :	640	112	80
16	16	1,717 :	6,400	101 :	200	35	25
16	17	27,489 :	102,400	1,617 :	3,200	560	400
16	18	13,753 :	51,200	809 :	1,600	280	200
16	19	27,523 :	102,400	1,619 :	3,200	560	400
16	20	1,377 :	5,120	81 :	160	28	20
16	21	27,557 :	102,400	1,621 :	3,200	560	400
16	22	13,787 :	51,200	811 :	1,600	280	200
16	23	27,591 :	102,400	1,623 :	3,200	560	400
16	24	3,451 :	12,800	203 :	400	70	50
16	25	1,105 :	4,096	325 :	640	112	80
16	26	13,821 :	51,200	813 :	1,600	280	200
16	27	27,659 :	102,400	1,627 :	3,200	560	400
16	28	6,919 :	25,600	407 :	800	140	100
16	29	27,693 :	102,400	1,629 :	3,200	560	400
16	30	2,771 :	10,240	163 :	320	56	40
16	31	27,727 :	102,400	1,631 :	3,200	560	400
16	32	867 :	3,200	102 :	200	35	25
16	33	27,761 :	102,400	1,633 :	3,200	560	400
16	34	13,889 :	51,200	817 :	1,600	280	200
16	35	5,559 :	20,480	327 :	640	112	80
16	36	6,953 :	25,600	409 :	800	140	100
16	37	27,829 :	102,400	1,637 :	3,200	560	400
16	38	13,923 :	51,200	819 :	1,600	280	200
16	39	27,863 :	102,400	1,639 :	3,200	560	400
16	40	697 :	2,560	41 :	80	14	10

Changes.		Francs.	Valeur.	Francs.	Valeur.	Valeur.	Valeur.
fr.	c.	fr.	réaux de veil.	fr.	réaux de pe.	liv. de Cat.	liv. de Ve.
16	41	27,897 :	102,400	1,641 :	3,200	560	400
16	42	13,957 :	51,200	821 :	1,600	280	200
16	43	27,931 :	102,400	1,643 :	3,200	560	400
16	44	6,987 :	25,600	411 :	800	140	100
16	45	5,593 :	20,480	329 :	640	112	80
16	46	13,991 :	51,200	823 :	1,600	280	200
16	47	27,999 :	102,400	1,647 :	3,200	560	400
16	48	1,751 :	6,400	103 :	200	35	25
16	49	28,033 :	102,400	1,649 :	3,200	560	400
16	50	561 :	2,048	165 :	320	56	40
16	51	28,067 :	102,400	1,651 :	3,200	560	400
16	52	7,021 :	25,600	413 :	800	140	100
16	53	28,101 :	102,400	1,653 :	3,200	560	400
16	54	14,059 :	51,200	827 :	1,600	280	200
16	55	5,627 :	20,480	331 :	640	112	80
16	56	3,519 :	12,800	207 :	400	70	50
16	57	28,169 :	102,400	1,657 :	3,200	560	400
16	58	14,093 :	51,200	829 :	1,600	280	200
16	59	28,203 :	102,400	1,659 :	3,200	560	400
16	60	1,411 :	5,120	83 :	160	28	20
16	61	28,237 :	102,400	1,661 :	3,200	560	400
16	62	14,127 :	51,200	831 :	600	280	200
16	63	28,271 :	102,400	1,663 :	3,200	560	400
16	64	211 :	800	104 :	200	35	25
16	65	5,661 :	20,480	333 :	640	112	80
16	66	14,161 :	51,200	833 :	1,600	280	200
16	67	28,339 :	102,400	1,667 :	3,200	560	400
16	68	7,089 :	25,600	417 :	800	140	100
16	69	28,373 :	102,400	1,669 :	3,200	560	400
16	70	2,839 :	10,240	167 :	320	56	40
16	71	28,407 :	102,400	1,671 :	3,200	560	400
16	72	3,553 :	12,800	209 :	400	70	50
16	73	28,441 :	102,400	1,673 :	3,200	560	400
16	74	14,229 :	51,200	837 :	1,600	280	200
16	75	1,139 :	4,096	335 :	640	112	80
16	76	7,123 :	25,600	419 :	800	140	100
16	77	28,509 :	102,400	1,677 :	3,200	560	400
16	78	14,263 :	51,200	839 :	1,600	280	200
16	79	28,543 :	102,400	1,679 :	3,200	560	400
16	80	357 :	1,280	21 :	40	7	5

CHANGES.	FRANCS.	VALEUR.	FRANCS.	VALEUR.	VALEUR.	VALEUR.
fr. c.	fr.	réaux de veil.	fr.	réaux de p^c.	liv. de Cat^e.	liv. de V^e
16 81	28,577 :	102,400	1,681 :	3,200	560	400
16 82	14,297 :	51,200	841 :	1,600	280	200
16 83	28,611 :	102,400	1,683 :	3,200	560	400
16 84	7,157 :	25,600	421 :	800	140	100
16 85	5,729 :	20,480	337 :	640	112	80
16 86	14,311 :	51,200	843 :	1,600	280	200
16 87	28,679 :	102,400	1,687 :	3,200	560	400
16 88	3,587 :	12,800	211 :	400	70	50
16 89	28,713 :	102,400	1,689 :	3,200	560	400
16 90	2,873 :	10,240	169 :	320	56	40
16 91	28,747 :	102,400	1,691 :	3,200	560	400
16 92	7,191 :	25,600	423 :	800	140	100
16 93	28,781 :	102,400	1,693 :	3,200	560	400
16 94	14,399 :	51,200	847 :	1,600	280	200
16 95	5,763 :	20,480	339 :	640	112	80
16 96	901 :	3,200	106 :	200	35	25
16 97	28,849 :	102,400	1,697 :	3,200	560	400
16 98	14,433 :	51,200	849 :	1,600	280	200
16 99	28,883 :	102,400	1,699 :	3,200	560	400
17 «	289 :	1,024	85 :	160	28	20

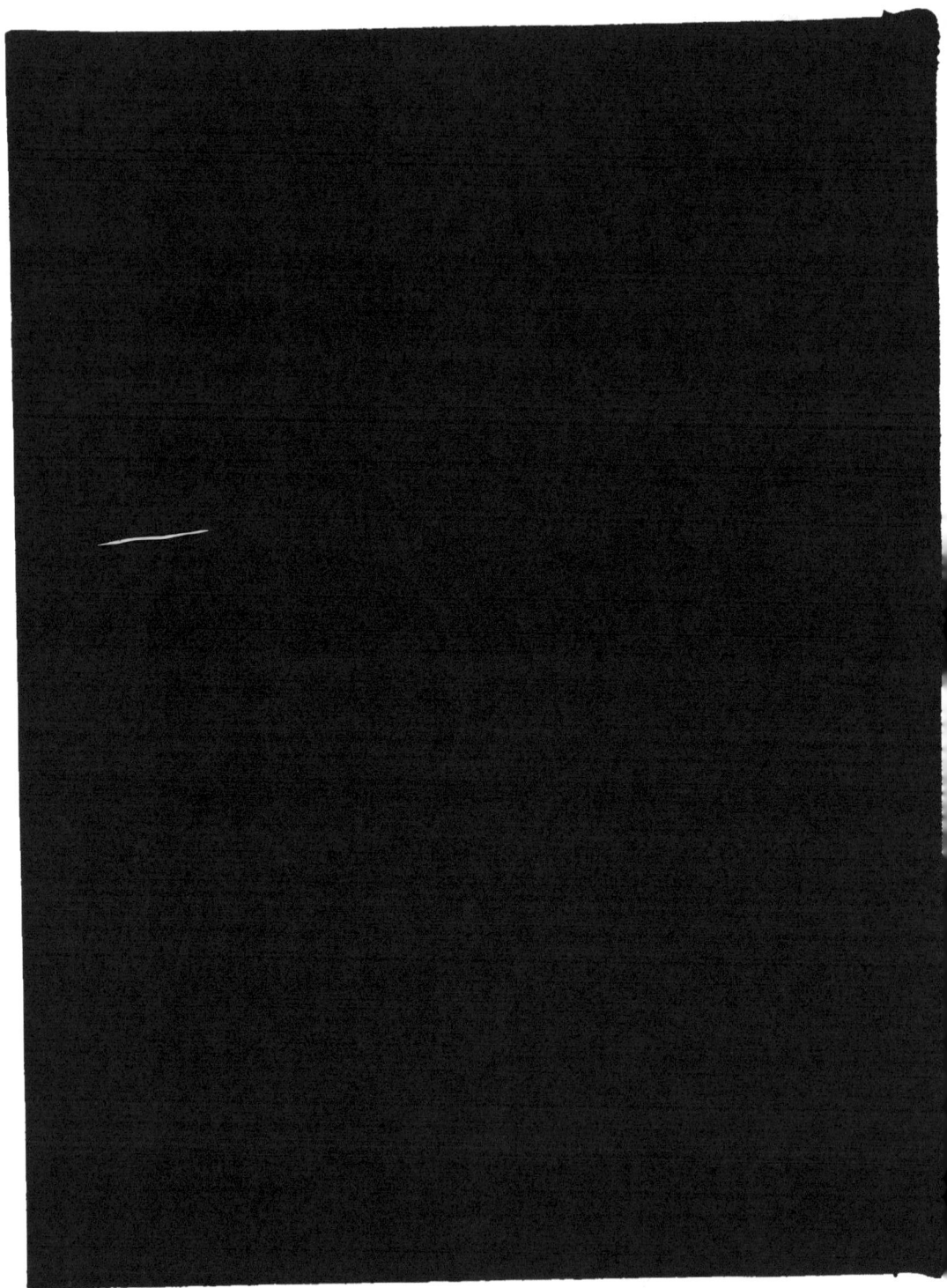

www.ingramcontent.com/pod-product-compliance
Lightning Source LLC
Chambersburg PA
CBHW060516200326
41520CB00017B/5060
9782019589622